패브릭 업사이클(Fabric Upcycle)

마켓발견 업사이클팀

버려지는 물건들을 되살리고 다시 사용하고, 업그레이드하고, 그것을 지속하고자 하는 작은 움직임에서 시작되었습니다. 저희는 대단한 환경운동가가 아닌 일상 속에서 지금 우리가 할 수 있는 만큼 시도해가는 사람들입니다.

공동체 살리는 시리즈

함께 살아간다는 것.
어디서나 공동체를 일굴 수 있습니다. 마음을 모아 혼자만의 경험이 아닌, 우리의 경험을 모아내기만 한다면 가능합니다. 삶을 쏟아 붓는 특정한 이슈는 공동체를 만드는 좋은 씨앗입니다. 환경, 교육, 예술, 문화 등 '공동체 살리는 시리즈'는 공동체를 다시 일구는 든든한 디딤돌이 되겠습니다.

1편 패브릭 업사이클

마켓발견 업사이클
사람과 물건의 가치를 발견하다

초판 1쇄 발행 2023년 7월 10일

지은이. 마켓발견 업사이클팀
펴낸이. 김태영

씽크스마트 책 짓는 집
경기도 고양시 덕양구 청초로66
덕은리버워크 지식산업센터 B-1403호
전화. 02-323-5609

홈페이지. www.tsbook.co.kr
블로그. blog.naver.com/ts0651
페이스북. @official.thinksmart
인스타그램. @thinksmart.official
이메일. thinksmart@kakao.com

ISBN 978-89-6529-363-7 (03630)

이 책에 수록된 내용, 디자인, 이미지, 편집 구성의 저작권은 해당 저자와 출판사에게 있습니다. 전체 또는 일부분이라도 사용할 때는 저자와 발행처 양쪽의 서면으로 된 동의서가 필요합니다.

- **씽크스마트 - 더 큰 생각으로 통하는 길**
  '더 큰 생각으로 통하는 길' 위에서 삶의 지혜를 모아 '인문교양, 자기계발, 자녀교육, 어린이 교양·학습, 정치사회, 취미생활' 등 다양한 분야의 도서를 출간합니다. 바람직한 교육관을 세우고 나다움의 힘을 기르며, 세상에서 소외된 부분을 바라봅니다. 첫 원고부터 책의 완성까지 늘 시대를 읽는 기획으로 책을 만들어, 넓고 깊은 생각으로 세상을 살아갈 수 있는 힘을 드리고자 합니다.

- **천개의마을학교 - 대안적 삶과 교육을 지향하는 마을학교**
  당신은 지금 무엇을 배우고 싶나요? 살면서 나누고 배우고 익히는 취향과 경험을 팝니다. <천개의마을학교>에서는 누구에게나 학습과 출판의 기회가 있습니다. 배운 것을 나누며 만들어진 결과물을 책으로 엮어 세상에 내놓습니다.

자신만의 생각이나 이야기를 펼치고 싶은 당신.
책으로 사람들에게 전하고 싶은 아이디어나 원고를 메일(thinksmart@kakao.com)로 보내주세요.
씽크스마트는 당신의 소중한 원고를 기다리고 있습니다.

마켓발견 업사이클

사람과 물건의 가치를 발견하다

마켓발견 업사이클팀

프롤로그

나의 재능과
열정 발견하기

마켓발견은 백세시대에 살고 있는 우리가 이 세상에 존재하는 날까지 재미있게 살 수 있는 공간을 꿈꾸며 2018년에 시작되었습니다. 버려지는 물건들을 기회자원으로 삼아, 하나의 문제(엄청나게 버려지는 자원들)로 다른 하나의 문제(우울감, 불안감)를 해결해가는 비전을 가지고, 지속가능한 업사이클 문화를 만들어가고 있습니다.

"나이가 들어가면서 필요한 물건, 서비스, 가치를 이해하고 신뢰성 높은 추천을 통해 삶을 더욱 풍요롭게 만드는 것"

"사람의 업사이클"
"물건의 업사이클"
"의미있는 일(물건의 리&업사이클링)을 해결해가면서 스스로 성장해가는 사람의 업사이클링(업스킬)

업사이클은 버려지는 물건을 재사용하는데 그치는 것이 아니라 창의적이고 업그레이드된 아이디어들을 더해 부가가치가 높게 만드는 것입니다. 마켓발견은 사람 또한 생애전환주기, 즉 라이프사이클 속에서 다양한 교육과 새로운 시도를 통해 업사이클할 수 있다고 믿습니다. 이전에 팀원 중 한 명이 마켓발견에서 시도한 새로운 것들을 바탕으로 "나 스스로가 업사이클 된 사람이다"라고 이야기한 적이 있습니다. 저 또한 업그레이드 된 아이디어를 지속적으로 더해서 스스로의 부가가치를 만들고 있는 업사이클러입니다.

마켓발견의 첫 번째 업사이클 디자인 전문가 과정은 다양한 업사이클 주제 중 그 첫번째로 우리가 일상에 지속적으로 배출하는 의류 폐기물들을 활용하여 실생활에서 지속적으로 활용할 수 있는 업사이클 방법을 나누는 것에서 시작합니다. 1편 패브릭 업사이클은 패브릭을 중심으로 한 업사이클 활동을 통해 업사이클의 개념과 필요성을 이해하고, 환경문제와 지속가능한 발전의 문제를 함께 고민해가면서 업사이클강사 및 전문가로 성장할 수 있도록 교육하는 업사이클 디자인 전문가 과정입니다.

업사이클 디자인 전문가란 디자인 프로세스를 통해 업사이클 작업을 진행하는 전문가를 의미합니다. 디자인의 어원은 라틴어의 데지그나레(designare)이며 "지시하다, 표현하다, 성취하다"의 의미를 지니고 있으며 무언가를 만들기 위해 계획 또는 제안하는 것, 또는 그것을 실행에 옮긴 결과를 의미합니다. 즉, 디자인이란 단순히 보기 좋게 만드는 것이 아니라 어떤 목적을 가지고 설계하고 구현하는 것을 의미하는 문제해결의 과정(problem solving process)이라고 할 수 있습니다.

따라서 업사이클 디자인 전문가는 문제해결의 과정을 통해 버려지는 물건의 가치를 발견하고, 더 높은 부가가치를 가진 새로운 물건으로 재탄생시키는 일(upcycle)을 전문적으로 하는 사람을 말합니다.

업사이클의 개념부터 패브릭 세부 프로그램까지 업사이클 디자인 전문가 양성을 위한 교육 자료를 담고 있습니다. 업사이클 전문가 과정을 통해 새로 다시 태어나는 물건의 가치 뿐 만이 아니라 감추어진 여러분의 가치, 나도 몰랐던 나의 재능과 열정을 발견하시는 계기가 되길 소망합니다.

MARKET 발견;

목차

프롤로그 나의 재능과 열정 발견하기 ·················· 04

#1 가치발견

1. 업사이클이란 ································· 12
2. 업사이클 산업 ································· 23
3. 제로 웨이스트 ································· 28

#2 기회발견

1. 폐의류 ······································ 38
2. 패브릭 업사이클 기법 ··························· 46

#3 업사이클 발견

1. 티셔츠로 가방 만들기 ···················· 58
2. 티셔츠로 헤어 악세사리 만들기 ············ 60
3. 티셔츠로 쿠션 만들기 ···················· 62
4. 자투리 천으로 참장식 만들기 ·············· 64
5. 티셔츠로 실뭉당이 만들기 ················ 66
6. 티셔츠로 뜨개 참장식 만들기 ·············· 68
7. 티셔츠로 러그만들기 ···················· 70
8. 자투리 천으로 몬스터 가방 만들기 ········ 72
9. 자투리 천으로 몬스터 키링 만들기 ········ 74
10. 청바지로 시계 만들기 ··················· 76
11. 청바지로 팔찌 만들기 ··················· 78
12. 자투리 천으로 소원팔찌 만들기 ·········· 80
13. 재고 원사로 한땀파우치 만들기 ·········· 82
14. 폐 CD로 드림캐쳐 만들기 ··············· 84
15. 재고 원사로 깃털 장식 만들기 ··········· 86
16. 재고 원사로 폼폼 장식 만들기 ··········· 88

에필로그 안녕하세요, 마켓발견입니다. ············ 90
마켓발견 업사이클 전문가 과정 ··············· 102

#1 업사이클

1 업사이클이란

업사이클의 개념

업사이클링은 '개선하다, 높이다'의 뜻을 갖고 있는 'upgrade'와 '재활용하다'의 뜻을 갖고 있는 'recycle'을 합친 신조어로 크리에이티브 리유즈(creative reuse; 창의적 재사용) 또는 우리말로 '새활용'이라고 합니다. 업사이클이란 용어는 1994년 10월, 독일의 디자이너 라이너 필츠(Reiner Pilz)가 디자인 매거진 살보드(Salvod)와 인터뷰에서 처음으로 사용하였습니다. 그는 나무나 벽돌 등으로 만들어진 제품을 부숴서 자원화하는 것을 다운사이클링(downcycling)이라고 이름 짓고, 환경 보존을 위해서는 더 높은 가치를 부여할 수 있는 업사이클링이 필요하다고 주장하였습니다. 즉, 업사이클링(Upcycling)이란 버려진 자원을 원래보다 더 좋은 품질 또는 더 높은 환경적 가치가 있는 제품으로 재가공하는 과정입니다.

UPCYCLE = UPGRADE + RECYCLE

쓰임을 잃은 물건에 디자인을 더해
새로운 가치를 가진 물건으로 재탄생 시키는 활동
= Creative Reuse / 새활용

업사이클과 리사이클

업사이클(새활용)과 리사이클(재활용)의 차이는 무엇일까요? 먼저 리사이클의 경우 물건을 분쇄 과정을 통해 원재료화 시키고 기계적, 화학정 공정 과정을 통해 원래의 목적과 비슷한 용도의 물건을 재생산합니다. 반면, 업사이클이란 원래 물

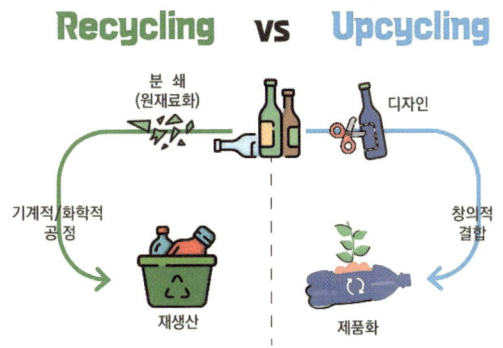

건에 디자인을 더해 전혀 다른 새로운 가치를 가진 물건으로 제품화하는 것을 말합니다. 예를 들어 유리병을 재활용하면 유리병은 분쇄되고, 기계적, 화학적 공정 과정을 거쳐 같은 비슷한 유리병으로 재생산됩니다. 하지만 유리병을 새활용한다면 많은 비용과 에너지가 사용되는 별도의 처리과정을 거치지 않고 전구를 결합하는 창의적 아이디어를 통해 멋진 조명 등으로 재탄생될 수 있습니다. 따라서 리사이클과 업사이클은 제품 처리 전 물건의 상태는 동일해도 결과물에서 차이점이 드러납니다.

업사이클의 필요성

세계 3대 환경 문제로 거론되는 지구 온난화, 오존층 파괴, 환경 호르몬은 기상이변, 자연재해, 생물다양성 손실 등 다양한 위기를 초래하고 있습니다. 이 모든 것의 주요 원인으로 꼽히는 폐기물은 매년 기하급수적으로 증가하고 있습니다. 환경부의 '5차 전국 폐기물 통계조사'에 따르면, 국민 한 사람이 하루에 버리는 생활 폐기물의 양이 평균 929.9g으로 국민 한 명이 하루에 1kg에 달하는 쓰레기를 매일 버리는 것과 같다고 합니다. 폐기물을 줄이기 위해 재사용이나 재활용을 하는 방법도 있지만, 더나은 대안으로 업사이클이 있습니다.

Upgrade + Recycle = Upcycle

3 REDUCE REUSE RECYCLE

업사이클의 장점

 첫째, 재활용 과정에서 많은 에너지나 오염물질을 배출하는 기계적, 화학적 처리 과정이 없어 탄소 배출량을 감소시킬 수 있고,

 둘째, 디자인과 아이디어를 더해 보다 높은 부가가치를 가진 새로운 용도의 제품을 만들어 낼 수 있으며,

 셋째, 자원의 용도를 한정시키지 않고 광범위하게 활용할 수 있는 효과가 있으며,

 마지막으로 업사이클링 체험을 통한 참신한 환경 교육 방안으로 제안될 수 있다는 것입니다.

탄소 배출량 감소  부가가치 상승  자원 활용 다양화  환경 교육 효과

업사이클 사례

업사이클 제품하면 가장 먼저 떠오르는 브랜드는 '프라이탁 (freitag)'입니다. 프라이탁은 1993년 스위스의 프라이탁 형제에 의해 설립되어 트럭 방수천, 자동차 안전벨트와 에어백, 폐자전거의 고무 튜브 등 산업 폐기물에서 나온 재활용 소재를 가방으로 업사이클하는 기업입니다. 스위스 취리히 산업단지에서 수집한 방수포를 세척하여 크기에 맞게 제작하기 때문에 같은 방수포를 이용한 제품이라도 다른 디자인의 상품으로 제작됩니다. 제품이 곧 브랜딩이라는 말에 걸맞게, 단 하나밖에 없는 디자인으로 희소성을 높이면서 각자 사연을 가진 소재를 사용하며 아직까지 큰 인기를 끌고 있습니다.

독일에는 가구를 리디자인해서 판매하는 가구 브랜드 쯔바잇신(Zweitsinn)이 있습니다. 쯔바잇신은 독일에서 매년

출처: 프라이탁 공식 사이트

출처: 쯔바잇신 공식 사이트

700만톤의 버려지는 폐가구를 수집해서 새로운 모양으로 만들어 판매하고 있습니다. 쯔바잇신은 단순히 폐가구를 처분하는 것 대신 자원은 보호하고 소비자에게는 더욱 저렴하고 튼튼한 가구로 돌려주도록 하는 순환 구조를 유지하고 있습니다.

쯔바잇신에서 사용하는 소재에는 나무, 금속, 섬유, 스티로폼에서부터 나일론, 폴리에스터 같은 섬유가 있습니다. 실제로 아이스크림 막대기를 활용하여 조명으로 만들거나, 오래된 와인 상자를 활용해서 책상을 만드는 등 새로운 시도를 하고 있습니다.

미국의 업사이클 브랜드 에코이스트(ecoist)는 멕시코에 여

출처: 쯔바이잇신 공식 사이트

행 간 한 가족에 의해 설립되었습니다. 여행하다 발견한 사탕 포장지, 과자봉지 등으로 만든 핸드백에서 영감을 받아 산업 폐기물로 제품을 만드는 사업을 시작하게 되었다고 합니다. 이후 에코이스트는 M&M, 코카콜라 등 여러 브랜드와

출처: 에코이스트 웹사이트

제휴를 맺어 각 기업의 공장에서 발생하는 수많은 폐기물을 패션 아이템으로 재탄생 시켰습니다.

에코이스트가 탄생시킨 제품으로는 사탕봉지로 만든 가방, 에나멜 소재의 포장지로 만든 핸드백과 팔찌 등 다양한 제품이 있습니다.

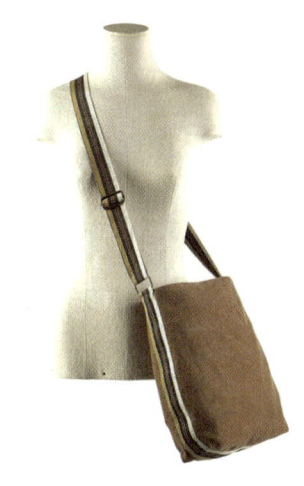

출처: 에코이스트 웹사이트

국내에서도 특별한 업사이클을 시도한 작가가 있습니다. 박선민 작가가 만든 리:엔티크 시리즈는 폐유리병을 형태와 색상에 따라 분류한 뒤 자르고, 연마 과정을 거쳐 새로운 형태로 재탄생됩니다. 유리를 다양한 제작 기법으로 풀어내는 박선민 작가는 금속, 나무, 도자 등의 재료와 믹스매치한 새로운 스타일의 작업을 소개하고 있습니다.

2014년부터 업사이클링 프로젝트인 리보틀 메이커(Re:bottle maker)를 통해 쓰임

출처: SEOUL BUND

출처: SEOUL BUND

이 끝난 유리 용기의 형태를 재가공해 새로운 역할을 부여하는 작업을 진행 중입니다. 여기서 폐유리병들은 수거→라벨 제거→세척→색깔·크기별 분류→절단→연마→유광/무광 표현→이어 붙이기를 통해 소비자에게 전달됩니다.

"금과 은으로는 누구나 멋진 제품을 만들 수 있다. 하지만 버려진 물건을 새로운 것으로 만드는 일은 디자이너로서 더욱 위대하고 도전적인 일이다."라는 명언을 남긴 보리스 밸리는 금속공예를 전공해서 스위스로 건너가 세공 기술을 배웠다고 합니다. 그는 초기에 보석 디자이너로 활동하였고 버려진 교통 표지판으로 테이블웨어 제품을 만들며 독특한 작업세계를 보여주었습니다. 현재는 전세계 박물관에서 작품을 전시 중이며, 여러 대학에서 'HUMANUFACTURING'이라는 주제로 워크숍을 진행하고 있습니다.

출처: NETWORKS RHODE ISLAND

   마지막으로 시애틀과 암스테르담에서 카드보드지로 스크랩 라이트를 만드는 '그레이팬츠'가 있습니다.

   그레이팬츠는 따뜻하고, 친숙하고, 실용적인 제품을 만들기 위해 레이저 커팅과 손길을 거쳐 환경에 무해한 제품을 제작합니다. 각 프레임은 철심과 카드보드지를 이용해서 만들어졌으며, 어느 공간에도 잘 어울리는 램프를 제공합니다. 그레이팬츠 웹사이트에서는 용도에 맞게 다양한 디자인의 램프를 판매하고 있습니다.

출처: 그레이팬츠 공식 스토어

2
업사이클 산업

폐기물의 종류

폐기물은 크게 가정생활폐기물과 사업장폐기물로 나뉘는데, 생활폐기물은 사업장폐기물 이외의 폐기물로 가정이나 시장 등 사람들의 일상생활 속에서 발생하는 폐기물을 말합니다. 사업장폐기물은 산업활동에 수반하여 발생하는 폐기

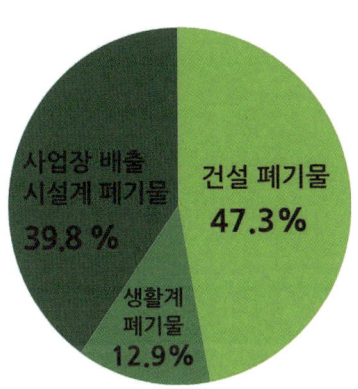

물로 일반폐기물, 건설폐기물, 지정폐기물로 나눕니다. 사업장일반폐기물은 생활계폐기물과 시설계폐기물로 나뉘며, 지정폐기물은 폐유, 폐산 등 주변 환경을 오염시키거나 인체에 해를 끼칠 수 있는 물질을 말합니다.

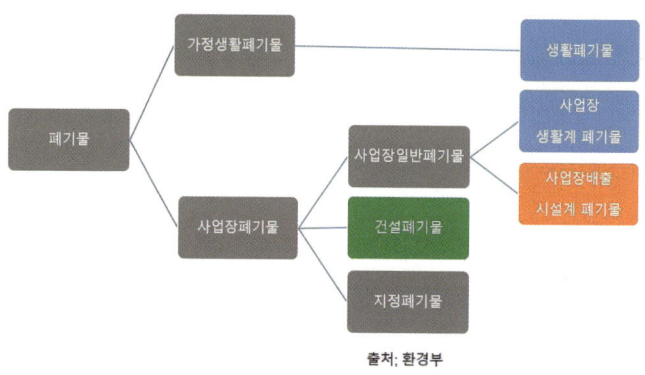

출처; 환경부

업사이클 프로세스

업사이클이 진행되는 과정은 이렇습니다. 먼저 어떤 폐기물에서 어떤 아이디어를 조합하여 가치 있는 제품을 만들 것인지 고민하는 것에서 출발합니다. 폐기물의 종류와 발생 단계에 따라 어떻게 효율적으로 수거하고 활용할 수 있을지가 고려되어야 합니다. 여러 가지 연구개발 과정을 거쳐 완성되면 사용할 폐기물을 종류별로 분류합니다. 우리가 흔히 재활용 분리수거를 할 때처럼 의류는 의류끼리, 플라스틱은 플라스틱끼리 분류한 후 세척 과정을 거칩니다. 세척 과정이 끝나면 제조에 필요한 모양이나 양에따라 해체하고 절단합니다. 각종 가공과정과 손질을 끝낸 후, 제작에 돌입합니다. 구상한 디자인대로 제품이 새로 탄생하면 유통 및 판매과정을 거쳐 소비자에게 전달됩니다.

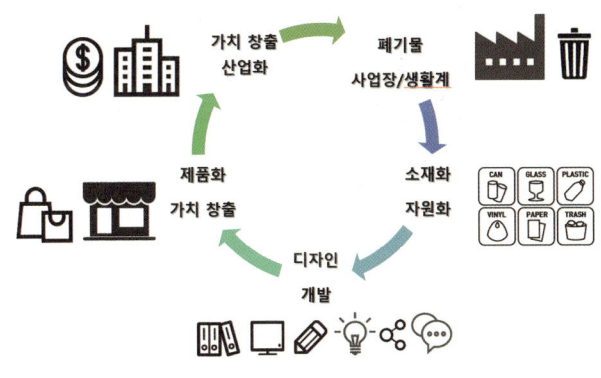

〈업사이클 프로세스 순환계〉

업사이클 시장 현황

국제무역통상연구원(KITA)에 따르면 전 세계 업사이클링 시장의 규모는 2014년 1억 5000만 달러(한화 1800억원)에서 2020년 1억 7000만 달러로 약 16.6% 성장한 것으로 보여졌습니다. 또한 동일한 기간 국내 업사이클링 시장 규모도 25억원에서 40억원으로 60% 증가했습니다.

업사이클에 대한 대중적 관심도 증가하는 추세입니다. '업사이클' 관련 키워드(폐기물, 소재은행, 소상공인, 공유경제 등)의 검색 빈도는 2016년도 대비 2018년도에 4배 이상 증가했습니다.

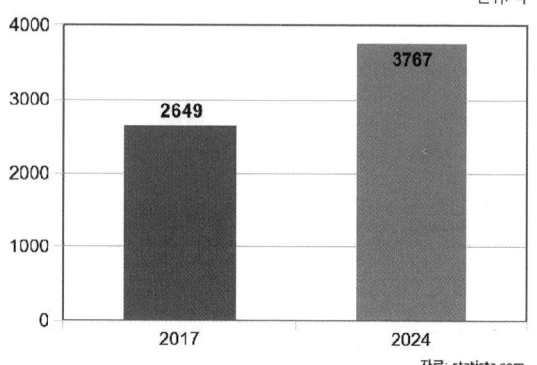

ESG와 지속가능한 발전

 "지속 가능한 발전"이란 1992년 브라질, 리우데자네이루에서 열린 유엔환경개발회의에서 채택된 21세기 지구환경보전을 위한 기본 원칙으로 "미래 세대의 필요를 충족시킬 수 있는 가능성을 보존하면서 현 세대의 필요를 충족시키는 개발"을 의미합니다. 지구의 자원은 유한한데, 현세대인 우리가 미래 세대가 사용할 자원을 낭비하여 다 써버리면 안된다는 것이지요. 그러므로 자원을 쓰고 또 쓰고 재자원화하는 부분은 중요할 수 밖에 없습니다. 기업들도 성장 중심의 경영에서 지속가능한 경영으로 패러다임이 바뀌어가고 있습니다.

 최근 화두가 되고 있는 ESG 또한 기업의 환경과 사회에 대한 책임, 지배구조의 투명성 등 비재무적 성과를 판단하는 평가 기준으로 장기적인 투자 수익과 사회적인 이익을 위한 기업의 주요 전략이 되고 있습니다. 기업을 운영함에 있어서 제품의 친환경성은 물론, 각 단계에서 발생하는 쓰레기나 잉여 자원들, 환경에 위해한 요소들을 최소화하고, 생산된 제품의 사용 후 처리까지 고민해야 합니다.

자원순환 경제

지구의 자원은 한정적입니다. 과거에는 자원을 취해서 뭔가를 만들고 사용하고 버렸습니다. 재활용을 한다는 것은 자원을 취해서 뭔가를 만들고, 사용한 뒤, 다시 한 번 더 사용하는 것이지요. 그렇지만 그것도 결국은 버려집니다. 가장 이상적인 것은 한 번 사용한 자원을 쓰고 또 쓰고, 지속적으로 재자원화 하는 것, 그리고 불가피하게 남는 폐기물은 환경에 미치는 영향을 최소화하여 처리하는 것, 즉, 자원의 순환 생태계를 만들어 가는 것이 우리의 궁극적인 목표가 되어야 할 것입니다.

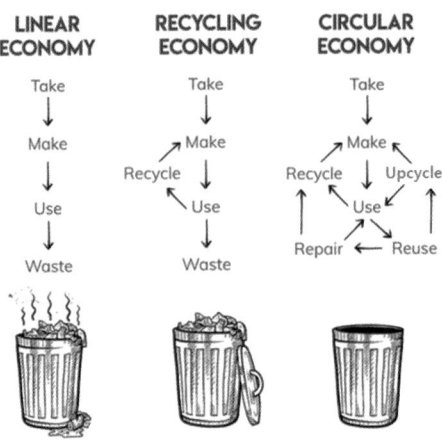

3
제로 웨이스트

제로 웨이스트란

제로 웨이스트(zero waste)란 2000년대 초반에 생겨난 신조어로, 일회용품의 사용을 줄이고 재활용이 가능한 재료를 사용함으로써 쓰레기의 배출량을 줄여나가는 것을 목표로 시작된 운동입니다. 2010년부터는 영향력 있는 사람들과 여러 유통 기업들이 제로 웨이스트 운동에 동참하면서 챌린지로 확산되었습니다.

이는 일상생활에서 사용되는 모든 자원과 제품을 재활용할 수 있도록 디자인하여 생활 속 쓰레기를 최소화하자는 원칙을 갖고 있습니다.

ZWIA (Zero Waste International Alliance)에서 채택한 정의에 따르면 제로 웨이스트는 모든 제품과 제품에 필요한 포장 및 자재를 태우지 않고, 동식물의 건강을 위협할 수 있는 토지, 해양, 공기로의 배출을 하지 않으며 책임 있는 생산, 소비, 재사용 및 회수를 통해 모든 자원을 보존하는 것을 의미합니다.

제로 웨이스트 실천방법

제로 웨이스트 운동은 1998년부터 2002년까지 대중의 주목을 받기 시작했고, 캘리포니아 종합 폐기물 관리 위원회, 샌프란시스코 환경부 등에서 제로 웨이스트 목표를 설정하고 정책을 펼쳤습니다.

그때 2009년 캘리포니아에 거주하던 프랑스계 미국여성 비 존슨(Bea Johnson)은 자신의 4인 가정에 제로 웨이스트를 적용하기 시작했습니다. 그리고 이것을 그녀의 블로그 제로 웨이스트 홈에 공유했고, 2010년 뉴욕타임즈에 소개가 되었습니다. 2013년, 존슨은 '제로 웨이스트 홈'을 발표하면서 낭비를 줄이고 삶을 단순화시키는 궁극적 가이드 5R 방법론을 제공하여 "제로 웨이스트를 위한 성경"라고 불리고 있습니다.

2010년부터는 인플루언서 등 영향력 있는 사람과 유통기업들이 제로 웨이스트 운동에 동참했습니다. 이에 영향을 받은 사람들이 일상생활에서 쓰레기 발생을 줄인 사례를 #제로 웨이스트챌린지, #Zerowastechallenge 등의 해시태그와 함께 SNS에 공유하면서 '제로 웨이스트 챌린지'가 더욱 확산되었습니다.

리바운드 효과

'리바운드 효과'는 '제로 웨이스트'에 반대되는 용어로 환경을 위한 행위가 오히려 환경에 악영향을 끼치는 역효과 현상을 말합니다. 예를 들면 텀블러나 에코백 같은 것이 있습니다.

텀블러의 생산과 폐기의 과정에서 발생하는 온실가스가 종이컵과 플라스틱 컵보다 30배나 많다면 과연 새로운 텀블러 구입이 과연 옳은 선택일까요? 텀블러가 친환경적이려면 유리는 15번, 플라스틱은 17번, 세라믹은 39번 이상 사용해야

한다는 연구 결과가 있습니다.
제로 웨이스트의 핵심은 재사
용과 소비 줄이기입니다. 이미
텀블러가 있는데 새로운 텀블
러를 계속 구매한다거나, 사용
하지도 않을 텀블러를 자꾸 만
들어서 제공하는 부분은 생각
해 보아야 할 것입니다. 왜냐하면 필요한 것 이상으로 너무 많은 양이 만들어지고 있다는 것이 문제이기 때문입니다.

제로 웨이스트 사례

1. 파타고니아, '이 재킷을 사지 마세요' 캠페인

'Don't buy this jacket (이 재킷을 사지 마세요)'는 2011년 블랙 프라이데이에 파타고니아가 뉴욕타임즈에 게재한 광고입니다. 이 문구 옆에 첨부된 사진 속 재킷은 파타고니아의 R2 재

출처: 파타고니아 공식 홈페이지

킷으로 생산하는 데에 물 135리터가 사용되고, 20파운드의 이산화탄소가 배출됩니다. 이렇게 R2 재킷은 친환경 제품임에도 불구하고 생산에 많은 자원이 소모됩니다.

파타고니아는 슬로우 패션을 철학으로 질이 좋은 옷을 만들어 고객이 오래 입도록 합니다. 그런 만큼 소비자들이 더 많은 제품을 구매하기보다 자사의 뜻에 동참하여 환경 파괴를 막는 주역이 되기를 바란다고 합니다.

2. 아디다스, 재활용률 100%로 쓰레기 발생 0%에 도전

글로벌 스포츠 브랜드 아디다스가 쓰레기 0%에 도전했습니다. 2021년 출시되는 러닝화 '퓨처크래프트 루프(Futurecraft. Loop)'는 밑창부터 신발 끈까지 재활용이 가능한 재료로 접착제 없이 제작해 폐기물이 발생하지 않는 것이 특징입니다.

2020년 200명의 선수들을 대상으로한 테스트에서는 닳은 신발을 회수하여 새 운동화를 만드는데 재활용 했습니다. 아디다스는 재활용률을 100%로 높여 신발 한 켤레를 재활용해

출처: 아디다스 공식 홈페이지

새로운 신발 한 켤레를 만드는 것이 목표라고 밝혔습니다.

3. 파츠파츠 새로운 소재, 생산 방식의 '지속가능한 패션'

파츠파츠는 2011년 대한민국의 임선옥 디자이너가 설립한 지속가능한 패션을 추구하는 브랜드입니다. 단순히 재활용 소재를 사용하는 것이 아니라 생산 과정에서 발생하는 화학물질을 제거하여 환경친화적인 옷을 생산합니다. 파츠파츠는 한 제품에 단 하나의 원단을 사용하여 낭비되는 원단을 줄였습니다. 일반 의복처럼 겉감과 안감의 구분이 없고 하나의 원단을 불에 태워 붙이는 방식을 사용해서 이어 붙이기도 합니다. 보편적인 패션 브랜드가 디자인을 고안한 후 소재와 제작방식을 고민한다면, 파츠파츠는 소재를 개발하고 부품화한 후에 디자인에 적용합니다. 이 예시로 잠수복과 유사한 재질인 네오프렌을 사용하면서 개성 있는 디자인을 자랑하는 파츠파츠의 제품이 있습니다.

출처: 파츠파츠 공식 홈페이지

4. 플리츠 마마 리젠을 활용한 패션 아이템

출처: 플리츠 마마 공식 홈페이지

플리츠 마마는 2017년 송강 인터내셔널이 세운 업사이클 패션 브랜드입니다. 플리츠 마마는 페트병을 재활용해 만든 원사인 '리젠 (Regen)'을 활용해서 가방과 패션 액세서리를 만듭니다. 리젠은 본래 효성 TNC에서 공급하던 폐 페트병 원사인데, 이 재질을 본격적으로 국내에 알린 게 플리츠 마마의 베스트셀러인 니트 백입니다.

플리츠 마마의 니트 백은 신축성이 뛰어나고 보관하기 편한 것이 특징인데, 사진에서 보이는 주름은 고온 열처리나 화학 처리를 하지 않고 원단으로 편직을 해서 세탁 후에도 주름이 살아있는 것이 특징입니다. 플리츠 마마는 아코디언 모양의 이 주름으로 디자인을 등록하고 특허를 출원했습니다.

환경 관련 기념일

환경 관련 기념일을 기억해서 환경을 지키는 행동에 동참해보세요.

지구의 날; 4월 22일

지구의 날은 매년 4월 22일로, 세계환경오염 문제를 일깨우기 위해 제정된 날입니다. 미 상원의원 게이로 닐슨과 하버드 대학생 데니스 헤이즈가 1969년 1월 미국 캘리포니아 기름 유출 사고를 계기로 1970년 4월 22일 지구의 날 선언문을 발표하고 행사를 개최한 것에서 비롯되었습니다. 지구의 날의 행사로는 저녁 8시부터 10분간 소등하는 캠페인을 진행하고 있습니다.

세계 환경의 날; 6월 5일

세계 환경의 날은 국민의 환경보전 의식을 함양하고 실천을 생활화하고자 제정된 날입니다. 유엔환경계획 (UNEP)은 매년 그 해의 주제를 선정해서 발표하고, 대륙별로 돌아가며 한 나라를 지정해 행사를 개최하고 있습니다.

아무것도 사지 않는 날; 11월 26일

아무것도 사지 않는 날은 1992년 테드 데이브 (Ted Dave)라는 캐나다 광고인에 의해 제정되었습니다. 자신이 만든 광고가 사람들의 소비의식을 불러일으킨다는 것을 깨닫고 소비를 줄이기 위해 이 캠페인을 만들다고 합니다.

기회 발견

#2 패브릭 업사이클

1
폐의류

의류 폐기물 발생 현황

의류 폐기물은 우리가 입다 작아져서, 유행이 지나서, 혹은 오염이 되서 버려진 모든 형태의 옷을 일컫는 말입니다. 재활용이 잘 안되는 합성섬유의 특징으로 해마다 많은 양의 폐섬유가 환경을 오염시키고 있다고 합니다.

우리나라에서 매년 소각, 폐기되는 의류의 양은 약 2190만 톤의 이산화탄소를 발생시킵니다. 이는 30년생 소나무 340억 그루를 심어야 상쇄되는 양이며, 동시에 한반도 면적의 70%나 차지하는 양입니다. 발생된 이산화탄소 양에는 사업장 배출 섬유관련 폐기물이 매일 1,313톤, 연간 300일 기준으로 393,900톤이 발생됩니다. 이는 1차적으로 사람들의 섬유관련 제품에 대한 높은 수요도 때문에 발생합니다. 우리나라 사람들의 연간 의류소비 규모는 약 61조원이며, 매해 약 1000

티셔츠 한 벌의 생산에서 분해까지
제조할 때 물 2,700L 소모
세탁할 때 미세플라스틱 70만개 방출
분해할 때 미세플라스틱 12억 개 발생

의류 생산으로 매년
물 800조 L 소모
이산화탄소 1억 7,500만 t 방출
쓰레기 9,200만 t 발생

억 벌의 옷이 지구에서 생산됩니다. 이는 패스트패션이 양산한 가장 파괴적인 결과물이었습니다. 트렌드를 즉각 반영하는 패스트 패션 산업이 도래한 후 1인당 옷 구매량이 15년 전보다 약 60% 증가하며 쉽게 사고 쉽게 버리는 패션 문화가 자리잡게 되었습니다.

의류 폐기물과 환경오염

이산화탄소 발생량의 2차적인 요인으로는 의류 폐기물이 있습니다. 생산단계에서 발생하는 폐섬유의 양은 하루 약 224톤, 연간 약 8만 200톤이며 자투리 섬유, 실 등 재활용이 불가능한 섬유는 소각됩니다. 또한 판매과정에서 팔리지 않은 의류의 폐기도 빈번합니다. 명품 브랜드들은 이미지 훼손에 대한 우려로 매년 4조 9천억 가치를 지니고있는 상품들을 더 낮은 가격으로 판매하지 않고 소각해버린다고 합니다. 무사히 이 과정을 통과하고 소비자의 손으로 오게 된 의류들도 결과는 크게 다르지 않습니다. 한 명이 1년에 버리는 옷의 양은 약 30kg, 통계적으로 약 330억 벌의 옷이 매년 버려진다고 합니다. 이렇게 생산, 판매, 그 후의 과정 속에서도 많은

의류 폐기물이 발생하고 있고, 이는 엄청난 양의 이산화탄소를 발생시키며 지구를 오염시키고 있습니다.

폐의류의 재활용 방법

1) "재활용"이란 폐기물을 재사용, 재생 이용하거나 재사용, 재생이용 할 수 있는 상태로 다시 만드는 활동 _폐기물 관리법 제 2조 7항
2) "재사용"이란 재활용가능자원을 그대로 또는 고쳐서 다시 쓰거나 생산활동에 다시 사용할 수 있도록 하는 것을 의미_자원의 절약과 재활용촉진에 관한 법률(약칭:자원재활용법) 2조 6항
3) "재생이용"이란 재활용가능자원의 전부 또는 일부를 원료물질로 다시 사용하거나 다시 사용할 수 있도록 하는 것을 의미 _자원재활용법 2조 7항
4) "재활용제품"이란 재활용가능한 자원을 이용하여 만든 제품으로서 환경부령으로 정하는 제품을 의미_자원재활용법 2조 9항

〈중고의류 처리방법 분류와 용어정리〉

제목	자원재활용법 분류	의류 산업 방식의 분류		본보고서
중고의류 폐의류 의류 폐기물	재활용	재사용	재사용 (reuse)	그대로 다시 사용	재사용
			재활용 (recycle)	수선해 재사용	
			업사이클 (upcycle)	디자인과 첨단 기술을 접목하여 새로운 가치 부여 새로운 제품으로 재탄생	재활용
		재생 이용	다운사이클 (downcycle)	기계적, 화학적 공정을 통해 사용가능한 다른 형태의 재료로 바꾸어 사용	
	소각·매립 (폐기처분)	소각·매립	소각·매립	자원으로의 재생 불가능	소각·매립

출처: 중고의류 처리방법 분류와 용어정리-2019 산업연구원 보고서

폐의류 줄이기 위한 생활 속 실천

 중고 의류라고 불리는 폐의류와 의류폐기물을 자원으로 재활용하기 위해 분류 과정을 거쳐 자원으로의 재생이 불가능한 의류는 소각 및 매립합니다. 나머지 재활용이 가능한 의류들은 재사용 (그대로 다시 사용), 재활용 (수선해 재사용), 업사이클링 (디자인과 첨단 기술을 접목하여 새로운 가치 부여 및 새로운 제품으로 재탄생)합니다. 재사용이 아닌 재생 이용의 경우 다운사이클링이라고 하는 기계적, 화학적 공정을 통해 사용 가능한 다른 형태의 재료로 바꾸어 사용하는 방법이 있습니다.

 이외의 생활 속에서 의류 폐기물량을 줄이기 위해 쉽게 실천할 수 있는 방법은 다음과 같습니다.

1) 옷 오래 입기. 유행이 지난 옷은 리폼하여 오래 입도록 합니다.
2) 옷 교환하기. 의류교환행사에 참여해 입지 않는 옷을 가져와 다른 참가자들과 교환해서 입도록 합니다.
3) 중고 의류 판매하기. 당근이나 번개장터 등 중고거래앱을 통해 옷을 교환 및 매매해서 입도록 합니다.
4) 업사이클링 하기. 헌 옷을 새 패션 아이템으로 만들어 입도록 합니다.

의류 쓰레기를 줄이는 6가지 실천방법

심각한 의류 쓰레기를 줄이기 위해 우리가 당장 할 수 있는 일들은 무엇일까요?

1. 오래 입을 수 있는 옷 구매하기

품질이 좋지 않은 저렴한 옷이나 유행이 지나면 입기 힘든 옷은 몇 번 입고 버리게 되는 경우가 많습니다. 오래 입을 수 있는 품질 좋은 옷들을 위주로 구매한다면 옷을 버리는 일이 줄어들 것입니다.

2. 가지고 있는 옷들을 깨끗하게 잘 관리하기

좋아하는 옷이지만 변색되거나 얼룩이 생겨버린 옷은 어쩔 수 없이 버리게 됩니다. 가지고 있는 옷들을 깨끗하게 세탁하고 손질해서 보관하면 오래도록 잘 입을 수 있습니다.

3. 옷장은 한 눈에 보기 좋게 정리하기

내가 가진 옷들을 한 눈에 보기 좋게 정리합니다. 계절이 바뀔 때마다 한 번씩 정리하면서 내가 어떤 옷을 가지고 있는지 확인하면 있는 옷을 또 사게 되는 일을 막을 수 있습니다.

4. 여러가지 코디법 연구하기

적은 수의 옷으로도 효과적으로 옷을 매칭하여 매일 다른 분위기를 연출할 수 있습니다. 옷장의 옷들을 꺼내어 거울 앞에 서 보고 옷을 매칭해보세요.

5. 치수가 맞지 않거나 입지 않는 옷은 기증하기

내 몸의 사이즈가 바뀌어 입을 수 없거나, 어울리지 않아서 입지 않는 옷들은 필요한 이들에게 나눔합니다. 나는 입을 수 없지만, 다른 사람에게는 요긴하게 쓰일 수도 있습니다.

6. 오래된 옷은 리폼하거나 업사이클 하기

너무 낡거나 오염되어 상태가 좋지 않은 옷들은 기부에 적당하지 않습니다. 집에 있는 재봉틀이나 수선집을 찾아서 리폼을 하거나, 업사이클 해보세요. 소매 끝이 닳은 셔츠가 예쁜 원피스가 되고, 줄어들어 못 입는 스웨터가 쿠션이 되고, 유행 지난 청바지가 멋진 러그로 변신합니다.

2
패브릭 업사이클기법

패브릭 기초

패브릭의 종류에는 크게 세가지가 있습니다.
직물, 편물, 그리고 부직포입니다.

1. 직물

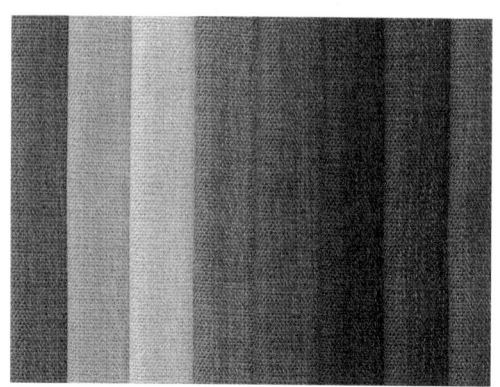

직물은 세로실과 가로실이 서로 교차하며 엮여 만들어지는 천으로, 최소 2가닥의 실로 만들어집니다. 조직의 형태에 따라 평직, 능직, 주자직 등으로 구분되며, 직주(베짜기)를 통해 제작됩니다. 직물의 특징으로는 신축성이 적고, 마찰력이 높으며, 봉제하기가 쉽다는 점이 있습니다.

2. 편물

편물은 편성물이라고도 불리며 실에 고리를 만들어서 천을 만드는 것을 말합니다. 대게 최소 한 가닥의 실로 만들어지고 신축성이 좋아 양말, 스웨터, 니트, 티셔츠, 가디건 등에 주로 사용됩니다.

3. 부직포

부직포는 섬유를 짜거나 엮지 않고 섬유 상태 그대로를 서로 얽히게 만들거나 접착제를 사용하여 만들어진 천입니다. 천의 특성상 가볍고 보온이 잘 되며, 절단 부분이 풀리지 않지만 뻣뻣하며 강도가 약해 내구성이 부족한 편입니다. 주로 수술복, 실험복 등 1회용 옷감으로 많이 이용됩니다.

실의 종류는 크게 두 가지로 나뉩니다.

우리말로는 다 같은 실로 해석되지만, 얀(Yarn)은 길고 연속된 길이의 맞물린 섬유를 말하며 직물, 바느질, 뜨개질, 직조, 자수 또는 로프 제작에 적합한 실입니다.

스레드(Thread)는 손이나 기계로 재봉 할 수 있는 실 유형을 말하며, 현대적으로 제조된 재봉사는 재봉과 관련된 스트레스를 견디기 위해 왁스 또는 기타 윤활제로 마감되어 질기고 강합니다.

YARN

길고 연속된 길이의 맞물린 섬유,
직물, 바느질, 뜨개질, 직조, 자수
또는 로프 제작에 적합

THREAD

손이나 기계로 재봉할 수 있는 실
강도를 높이기 위해
왁스 또는 기타 윤활제로 마감

직조하는 방법에는 두 가지가 있습니다.

첫번째로, 한국의 농기구인 베틀이 있습니다. 베틀은 패브릭을 짜는 도구로 얼마나 촘촘한지에 따라 그 품질이 바뀌는 것이 특징입니다. 타피스트리에 비해 더 큰 직물을 짤 수 있고, 가로 실과 세로 실이 동시에 보여서 규칙적인 패턴을 균

베 틀

대형 사이즈 직조 가능
가로실과 세로실이 동시에 보임
균일하고 규칙적인 패턴에 적합

타피스트리

틀의 범위를 넘어설 수 없음
가로실만 보이는 경우가 많음
자유로운 그림, 비정형 패턴에 적합

일하게 짤 때 적합합니다.

두 번째로 타피스트리가 있습니다. 타피스트리는 틀의 범위를 넘어설 수 없다는 특징이 있고, 대체로 세로실은 숨겨지고 가로실만 보이는 경우가 많습니다. 자유로운 그림이나 비정형의 패턴을 짤 수 있고 벽걸이나 가리개 등 실내 장식품으로도 쓰입니다.

업사이클 기법

패브릭 업사이클 기법은 크게 세 가지로 나누어 볼 수 있는데요,

1) 리디자이닝(redesigning); 섬유 폐기물 혹은 산업 폐기물을 물리적 가공을 통해 변형하는 기법으로 일반적인 재단-봉재-완성의 과정을 거칩니다.
2) 리컨스트럭션(reconstruction); 의류 형태의 제품을 해체한 뒤, 재구성하는 기법입니다.

이미 만들어진 완제품을 해체하고 새로운 디자인, 형태로 재구성 하는 것입니다.

3) 핸드크래프팅(handcrafting); 수공예로 행해지는 모든 창작 과정을 말하며, 폐기물 혹은 의류 제품을 완전히 해제한 후, 이를 작은 단위의 섬유 조각으로 만들어 활용하는 것을 말합니다. 수공예를 통해 새로운 형태를 구축하는 것을 말하는 것으로, 실습과정에서 안 입는 옷으로 실몽당이를 만들고, 그것을 뜨개질하여 바구니나 가방을 만드는 것이 그 좋은 예라고 할 수 있습니다.

핸드크래프팅의 종류

1. 핸드니팅

핸드니팅은 바늘 대신 손으로 뜨개질을 하는 것으로, 두꺼운 실을 활용하는 기법입니다. 주로 패브릭얀, 빅 얀을 사용합니다.

2. 핸드위빙

핸드위빙은 여러가지 실과 오브제를 이용해서 인테리어 소품과 벽장식을 만들 수 있는 공예를 말합니다. 여러 종류의 털실과 말린 꽃, 나뭇가지 등 다양한 소재를 함께 사용합니다.

3. 펀치니들

펀치니들은 천 위에 도안을 그리고 펀치니들 바늘을 이용해서 한 땀 한 땀 찔러서 완성하는 자수 공예입니다. 보통 털실을 이용해서 쿠션, 의자 커버 등을 만들지만 십자수용 실을 이용하기도 합니다.

4. 퀼팅

퀼팅은 누비질을 말합니다. 옷감 두 겹 사이에 솜을 얇게 두고 직선 또는 여러가지 무늬로 박거나, 옷감 두 겹을 겹쳐

놓고 무늬의 가장자리 선을 손박음질해 놓은 다음 약간 크게 마름질한 안감을 조금 찢어 송곳으로 솜을 밀어넣고 감침질하여 무늬를 입체화시키기도 합니다. 퀼팅은 은근하고 품위 있는 장식으로서 겨울 용품에 많이 쓰입니다.

5. 아플리케

아플리케(AppliquE)는 무늬에 따라 여러 종류의 헝겊을 오려 붙여서 입체적으로 표현하는 기법입니다. 어린이 옷의 장식에 주로 이용되며, 베갯잇·앞치마·이불잇 등에도 이용됩니다. 아플리케감은 올이 잘 풀리지 않는 것으로, 물이 빠지지 않고 배색이 잘 되는 것을 선택합니다. 가장자리가 들쭉날쭉 모가 나거나 섬세한 무늬는 수놓기 어려우므로 단순화시킨 것이 적당하며, 가장자리는 버튼홀 스티치나 블랭킷 스티치 등으로 고정시킵니다.

6. 자수, 스티치

자수(刺繡)는 헝겊이나 가죽에 놓고자 하는 그림이나 문양을 그려 본을 삼고, 실이나 끈 등을 바늘이나 바늘 모양의 도구에 꿰어 수를 놓은 그림이나 문양 혹은 그 그림이나 문양을 천에 장식하는 기술을 칭합니다. 헝겊이나 가죽에 수를 놓으려면 천 위에 선으로 밑그림을 그려놓고 수를 놓습니다.

업사이클발견

… # #3 만들어 보기

1
티셔츠로 가방 만들기

> 준비물: 더 이상 입지 않는 티셔츠, 가위

1. 티셔츠를 옆 솔기부분을 맞춰 잘 펼쳐준다. (솔기 안쪽의 케어 라벨은 깨끗하게 자른다.)

2. 가위로 목 부분과 소매부분, 아랫단 부분을 잘라낸다. 가방의 손잡이가 될 부분을 고려하여 잘라주면 좋다. 남은 자투리 부분은 버리지 말고 잘 남겨둔다.

3. 가방의 깊이와 늘어나는 정도를 고려하여 술이 시작되는 부분의 높이를 초크로 표시한다.
표시한 밑단 부분을 1~1.5cm 간격으로 촘촘하게 잘라준다.

4. 티셔츠 밑단을 앞, 뒤판을 연결하며 묶어준다. 양쪽 솔기 부분도 가운데를 잘라서 묶어준다 (손으로 잡아당기면 실처럼 도르르 말린다). 잘라진 부분이 시작되는 지점에 최대한 가깝게 묶어줘야 가방 아래 구멍이 생기지 않는다. 느슨하게 묶으면 쉽게 풀어질 수 있다.

2
티셔츠로 헤어 악세사리 만들기

준비물: 더 이상 입지 않는 티셔츠, 실,바늘, 가위, 글루건, 악세사리 부자재

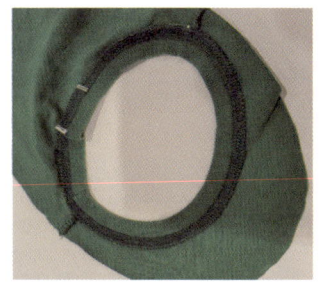

1. 티셔츠의 목둘레 부분을 솔기부분과 함께 잘라낸다.

2. 금속 머리띠을 끼우고 적당히 주름을 잡는다. 끝 부분은 바느질이나 글루건으로 마무리한다.

3. 목둘레를 솔기부분과 함께 홈질하여 잡아당긴다.
   주름을 만들고 꽃처럼 말아서 글루건으로 금속머리띠나 머리핀, 브로우치핀에 부착한다.

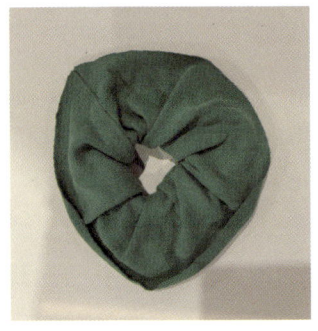

4. 티셔츠 소매부분을 통모양으로 잘라 고무줄을 감싸며 공그르기하여 헤어스크런치를 만든다. 남은 자투리천을 자유롭게 활용하여 악세사리를 만들 수 있다.

3
티셔츠로 쿠션만들기

준비물: 더 이상 입지 않는 티셔츠, 가위, 쿠션솜, 실,바늘 혹은 글루건

1. 티셔츠의 목둘레 부분을 솔기부분과 함께 잘라낸다.

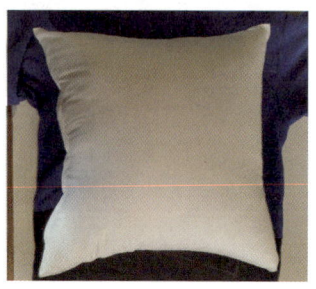

2. 금속 머리띠을 끼우고 적당히 주름을 잡는다.끝 부분은 바느질이나 글루건으로 마무리한다.

3. 목둘레를 솔기부분과 함께 홈질하여 잡아당긴다. 주름을 만들고 꽃처럼 말아서 글루건으로 금속머리띠나 머리핀, 브로우치핀에 부착한다.

4. 티셔츠 소매부분을 통모양으로 잘라 고무줄을 감싸며 공그르기하여 헤어스크런치를 만든다. 남은 자투리천을 자유롭게 활용하여 악세사리를 만들 수 있다.

4
자투리 천으로
참장식 만들기

준비물: 자투리 천, 키링 부자재, 실 가위, 망가진 악세사리, 니퍼 글루건

1. 자투리 천을 길이 20cm정도, 폭 1cm 내외로 가늘고 길게 잘라준다.

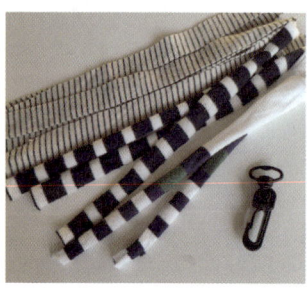

2. 한두 가지 색만 쓰거나 여러 가지 색을 섞어서 두께에 따라 7~10줄 정도 만들어 준다.

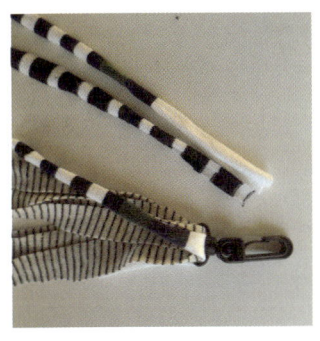

3. 길게 잘라 놓은 천을 반으로 접어 키링의 고리 부분에 걸어 준다.

4. 천과 어울리는 실을 골라서 두껍고 단단하게 감아 묶어준다. 원하는 길이로 적당하게 잘라 마무리 한다.

5
티셔츠로 실몽당이 만들기

> 준비물: 더 이상 입지 않는 티셔츠, 가위, 코바늘

1. 티셔츠를 반듯하게 펼친 후, 안쪽 솔기부분을 3cm정도 남겨놓고 3~4cm 정도의 일정한 간격으로 잘라준다.

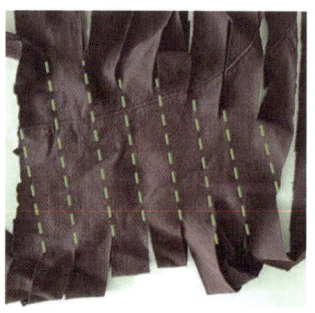

2. 자리지 않고 남겨둔 솔기의 부분을 펼치고, 한 칸씩 엇갈리게 대각선 방향으로 연결시켜 잘라준다. (똑바로 자르면 긴 실이 아닌 링 형태의 실이 생기므로 주의) 최대한 많은 실을 추출할 수 있도록 한다.

3. 티셔츠 실을 연결하는 방법: 실 끝을 접어 가로로 구멍을 살짝 내고 실 끝을 구멍을 통과시켜 실을 연결한다.

4. 자르고 연결하여 만든 티셔츠실은 손가락에 둥글게 감아서 적당한 크기의 실몽당이를 만든다. 티셔츠 실몽당이는 코바늘 뜨개 방식과 동일하게 작업하여 작품을 완성 할 수 있다.

6
티셔츠로 뜨개참장식 만들기

준비물: 더 이상 입지 않는 티셔츠, 가위, 코바늘, 태슬, 브로치 옷핀, 코인장식, 오링

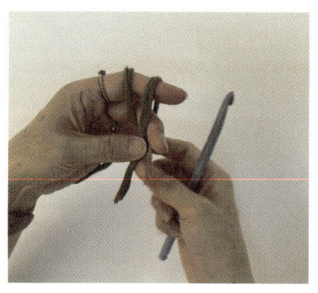

1. 티셔츠실과 실 굵기에 맞는 코바늘을 준비한다. 폭 2~3cm의 폭의 티셔츠를 사용할 경우 8~9mm 바늘을 사용하는 것이 적당하다.

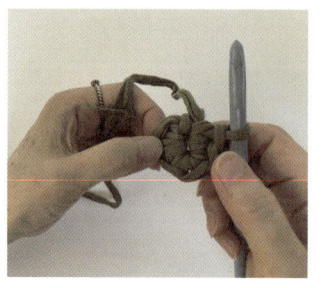

2. 원형 뜨기를 위한 매직링을 만든다. 매직링에 여섯 번의 짧은 뜨기를 반복한 뒤, 꼬리실을 잡아당겨 작은 원형 동그라미를 만든다.

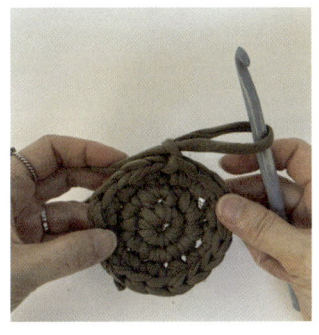

3. 빼뜨기로 첫 번째 단을 마무리한다.(6코) 사슬뜨기로 기둥코를 하나 세우고 사슬 하나에 두 번씩 짧은 뜨기를 반복하며 두 번째 단을 완성한다.(12코)

4. 세 번째 단 역시 기둥코를 하나 세우고, 사슬 하나에 짧은 뜨기를 1-2-1-2-1-2번씩 번갈아 반복하며 모두 18코를 완성한 뒤 빼뜨기로 마무리한다.

7
티셔츠로 러그만들기

> 준비물: 티셔츠를 잘라 만든 실몽당이, 가위, 코바늘

1. 티셔츠를 잘라 실몽당이를 만들어 준다. 컬러가 서로 어울리는 실몽당이 여러 개를 준비하면 더 보기 좋은 결과물을 만들 수 있다.

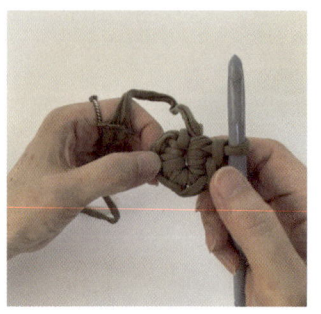

2. 왼손으로 매직링을 만들고, 원에 걸리도록 짧은 뜨기 6코를 만든다. 매직링의 끝부분을 잡아당겨 예쁘게 모아준다. 손으로 매만지면서 6개의 사슬코를 확인한다. 빼뜨기로 마무리하고 기둥코를 하나 만들어 준다.

3. 두 번째 단은 한 코에 두 번씩 사슬뜨기를 하여, 총 12코를 뜬 뒤, 빼뜨기로 마무리한다. 다시 사슬코 하나를 떠서 기둥을 세우고, 이번에는 하나씩 건너뛰며 1코, 2코, 1코, 2코를 반복, 총 6코를 늘려 18코가 되도록 한다.

4. 세 번째 단은 12코를 6코를 늘려 18코를 만들어야 한다, 1코-2코-1코-2코를 반복, 총 6코가 늘어나도록 사슬뜨기를 반복한다. 한 단이 늘어날 때마가 6코씩 늘어나도록 사슬뜨기를 반복하면서 원하는 크기의 러그가 될 때까지 단을 쌓아준다. 빼뜨기로 마무리하고 남은 실을 빼낸 뒤, 러그 뒷부분의 옆 코에 연결하여 매듭을 만들고 남은 부분은 다른 코 속으로 숨겨준다.

8
자투리 천으로
몬스터 가방 만들기

준비물: 에코백, 자투리 천, 섬유용 접착제, 워크시트, 가위, 다리미

1. 키트 속 재료를 확인한다.(에코백 + 자투리 천 + 섬유용 접착제 +워크시트) 재료와 함께 제공되는 몬스터 본을 가위로 잘라 준다.

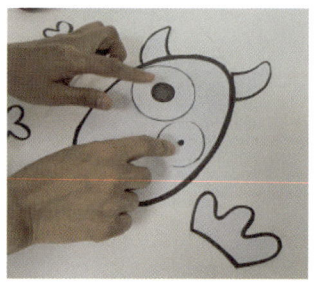

2. 가위로 자른 몬스터 본을 가방 위에 올리고 원하는 모양으로 배치해본다. 완성된 모양은 연필로 그려서 표시하거나, 사진을 찍어서 붙일 때 기억할 수 있도록 한다.

3. 가장 큰 사이즈의 천에 몸통을 올리고 테두리를 따라 잘라준다. 흰 천과 검은 천은 눈알용으로 잘라준다. 나머지 천으로 팔과 뿔 모양 등을 잘라준다. 원하는 다른 천을 사용해도 좋다.

4. 천 조각들의 뒷면에 섬유용 접착제를 함께 제공되는 해라를 사용하여 고르게 발라준다. 모든 조각들의 뒷면에 접착제를 바르고 5분간 기다린다. 펼쳐놓은 가방 위에 잘라놓은 천 조각들을 몸통부터 손으로 끝부분을 꼼꼼하게 눌러가며 하나씩 붙여준다. 30분 정도 후, 다림질 해준다.

9
자투리 천으로
몬스터 키링 만들기

준비물: 몬스터 키링 만들기 키트, 재단가위

1. 키트 속 재료를 확인한다. 두 장의 자투리 천을 겉면을 마주보게 겹친 후, 몬스터 본을 대고 초크로 따라 그려준다. (반드시 본과 모양이 같을 필요는 없음) 0.5cm 시접을 남기고 가위로 잘라준다.

2. 나만의 몬스터 모양으로 자른 천 사이에 운동화 끈을 걸쳐놓은 후 창구멍을 남기고 박음질한다. (운동화 끈은 반으로 접어 고리 부분이 안쪽으로 들어가는 방향을 두어야 함.)

3. 시작과 끝 부분의 박음질은 튼튼하게 해 주어야 풀리지 않는다. 박음질한 천을 창구멍으로 뒤집어 준 뒤, 구슬 솜을 밀어 넣어 속을 채워준다.

4. 적당히 보기좋게 솜을 채웠다면 공그르기 하여 창구멍을 막아준다. 단추 2개를 눈 위치에 달아준다. 완성된 몬스터 인형을 준비된 키링 고리에 끼워 주면, 나만의 알록달록 몬스터 인형 완성!

10 청바지로 시계만들기

준비물: 데님시계 만들기 키트, 재단 가위

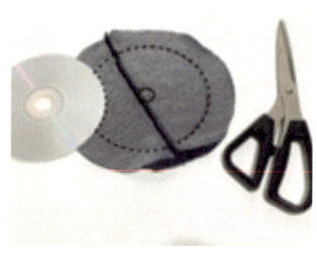

1. 데님 천의 중앙에 CD를 얹고, 연필이나 초크로 CD를 따라 원을 그려준다. CD 크기 원보다 5cm 정도 바깥으로 커다란 동그라미를 그려 잘라준다.

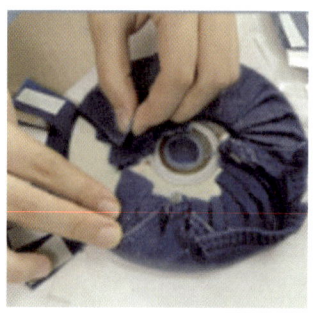

2. 잘라낸 데님천을 우측 그림과 같이 촘촘하게 가위집을 내어 잘라준다. 양면 테이프로 데님 천을 붙여준다.

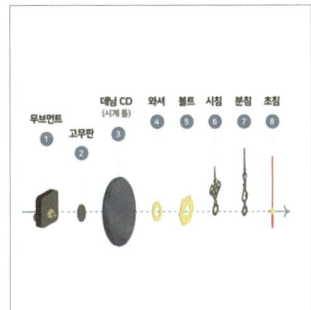

3. 데님 천을 꼼꼼하게 CD에 붙였다면, 데님의 중앙에 칼집을 내고 무브먼트를 순서대로 끼워준다. 시침, 분침을 강한 힘으로 '뚝' 소리 나게 눌러 끼워준다. 초침은 구부러질 수 있으니 두 손으로 조심스럽게 끼운다.

4. 남은 악세사리를 활용하여 시계를 예쁘게 꾸며준다.

11
청바지로 팔찌만들기

준비물: 데님 자투리 천, 레이스 클립, 개고리, 오링, 사슬 체인, 장식 구슬, 가위, 오링반지, 평집게

1. 팔찌의 몸통 부분 자르기: 청바지의 인심이나 백 요크의 스티치 부분을 잘라낸다. 팔찌로 사용할 인심 부분은 팔목 둘레보다 2~3cm정도 짧은 길이로 잘라서 사용하는 것이 적당하다.

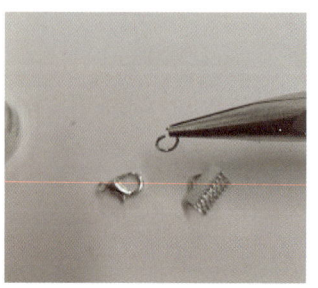

2. 집게를 사용하여 팔찌의 몸통이 되는 데님의 끝 부분에 평레이스캡을 씌워준다. 데님 인심의 끝부분이 캡의 안 쪽 접힌 부분에 닿도록 하고, 레이스캡 폭을 고려하여 가운데 위치를 잘 맞춘 뒤 평집게로 캡의 바깥 부분을 눌러 잘 고정시켜준다.

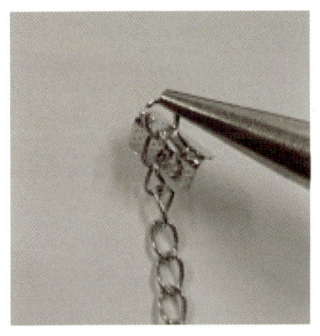

3. 레이스캡에 개고리, 사슬 연결하기: 평집게와 오링반지를 사용하여 두 개의 레이스 캡에 오링을 하나씩 연결하고 한쪽에는 개고리, 또 다른 한 쪽에는 체인 사슬을 달아준다.

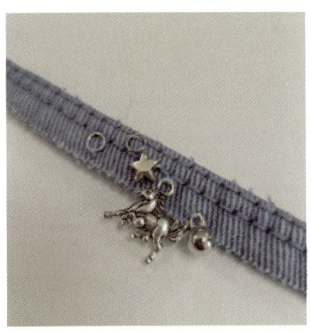

4. 데님을 잘라낸 팔찌의 몸통 부분에 바늘과 실을 사용하여 장식 구슬들을 달아준다. 실의 매듭이 밖에서 보이지 않도록 안쪽에서 시작하고 마무리 될 수 있도록 한다. 팔찌의 잘라낸 측면에 올 풀림 방지제를 발라주면 더 오래 깔끔하게 사용할 수 있다.

12
자투리 천으로
소원팔찌 만들기

준비물: 직조원단, 가위, 스카치테이프, 구슬 장식, 실 끼우개

1. 안 입는 옷이나 원단 중에 씨실과 날실의 짜임이 잘 보이는 것을 고른다. 체크원단을 고르면 다양한 색실을 얻을 수 있다. 실의 길이가 30cm이상 되도록 천을 자르고, 끊어지지 않도록 소심스럽게 실을 뽑아 낸다.

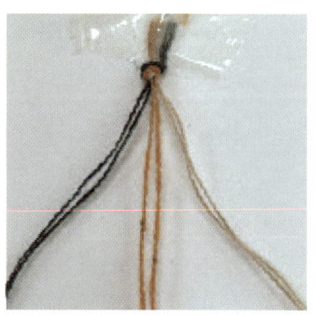

2. 같은 색 실을 2~3개씩 겹쳐서 3가닥을 만들고, 한쪽 끝을 묶어준 뒤, 테이프를 붙여서 책상 위에 고정한다.

3. 세 가닥의 실을 나란히 펼쳐놓고, 양쪽 끝의 실을 가운데로 보내주는 방식으로 머리카락 땋듯이 땋아준다. 중간에 원하는 구슬을 걸어줘도 좋다.

4. 본인 팔목 두께의 2배 이상 길이가 나오도록 끝까지 땋아준다. 끝마무리를 하기 전에 장식구슬을 끼워줘도 좋다. 끝 부분은 매듭을 묶고 가위로 잘라준다. 팔찌의 길이가 조절 가능하도록 매듭을 만들어 마무리한다.

13
재고 원사로
한땀파우치 만들기

준비물: 직조원단, 가위, 스카치테이프, 구슬 장식, 실 끼우개

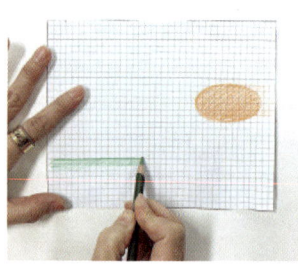

1. 한 땀 파우치 키트와 쪽가위, 본에 도안을 그릴 수 있는 색연필이나 사인펜을 준비한다.

2. 메쉬 파우치 본에 그림을 그린다. (점, 선, 면 정도의 단순한 그림) 파우치 안쪽으로 본을 넣어주어, 수 놓을 위치를 확인하고 조정한다.

3. 본에 맞는 색깔의 실을 돗바늘에 끼우고 그림본에 맞추어 시작 위치를 잡는다. 자리를 잡고 구멍 안으로 실을 넣어준다.

4. 매듭을 지은 후 원하는 부분에 본의 모양을 따라 면을 채워가면서 수를 놓아준다. 수놓기가 끝나면 자수 뒷부분 안쪽으로 바늘을 통과하여 남은 실을 끝부분을 숨겨주고 쪽 가위로 마무리 한다.

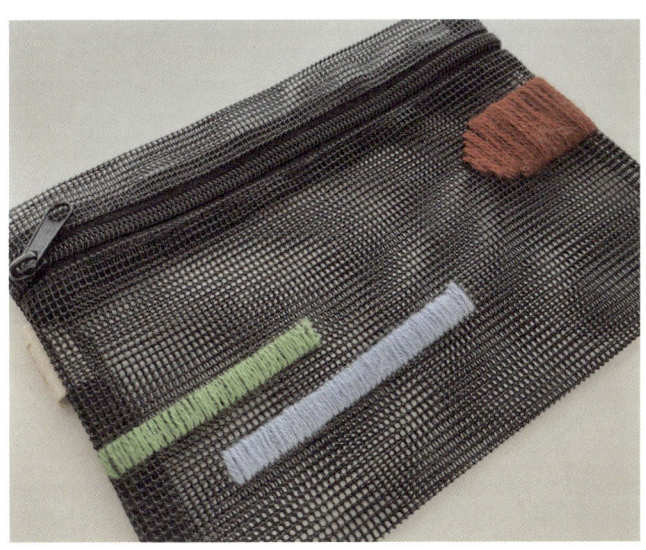

14
폐 CD로
드림캐쳐 만들기

준비물: 폐 CD, 실, 리본, 끈, 망가진 악세사리, 돗바늘, 실 끼우개, 가위, 스카치테이프

1. 폐 CD 한 장과 돗바늘, 실 끼우개, 가위를 준비한다. 다양한 리본, 끈, 운동화 끈, 구슬 등을 준비한다,3~4m 정도 단단한 실을 준비하고, 마스킹 테이프를 사용하여 한 쪽 끝을 CD의 뒷부분에 고정시킨다.

2. 한 쪽 끝을 고정시킨 실을 가운데 CD의 가운데 구멍으로 통과시키고 테두리를 향해 방사형으로 25번 감아 준다. 가능하면 팽팽하게 감아야 완성도가 높은 결과물을 만들 수 있다. 세로선의 갯수가 홀수인 것을 확인하고 끝부분을 마스킹 테이프로 붙여서 마무리 한다.

3. 다른 색실을 돗바늘에 꿰고, CD의 가운데 부분에서 시작하여 세로선을 번갈아 위 아래로 오가며 위빙방식으로 엮어 준다. 컬러 조합을 생각하되 시작 부분은 가는 실을 사용하고 바깥으로 갈수록 굵은 끈을 사용하는 것이 효과적이다.

4. 망가진 악세사리나 장난감 등에서 나온 구슬들을 조합하여 드림캐쳐에 매달 장식 줄을 만든다. 바늘에 실을 꿰고 구슬들의 색상을 조합하여 연결한다. 운동화 끈이나 리본 몇 가닥을 CD 뒷부분에 감아 길게 늘어뜨리고 끝을 묶어준다. CD 윗부분에는 끈을 짧게 잘라 끼우고 매듭을 지어, 걸 수 있는 고리를 만들어 준다.

15
재고 원사로
깃털 장식 만들기

준비물: 다양한 색깔의 실, 돗바늘, 실 끼우개, 가위, 스카치테이프, 골판지 상자

1. 깃털 장식 하나를 만들기 위해서는 긴 실 한 가닥과 짧은 실 여러 가닥이 필요하다. 골판지를 6X11cm 직사각형으로 잘라 여러 번 감아준 뒤, 한 쪽 끝을 잘라 같은 길이의 실을 많이 만들어 준다.

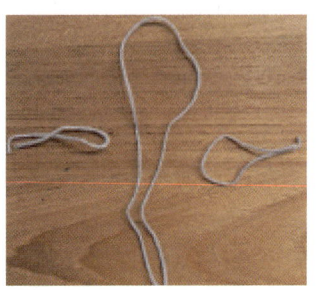

2. 긴 실을 U자 형태로 접어 테이블 위에 세로방향으로 둔다, 잘라둔 짧은 실 2 가닥을 각각 U자형으로 접어 좌, 우측에 하나씩 놓이도록 준비한다.

3. 가운데 긴 실을 중심으로 두 개의 실을 U자 형태로 만들고 서로 엮이도록 통과시킨다. 실의 양끝을 잡아당기면 매듭이 생기면서 단단하게 묶인다.

4. 오른쪽 왼쪽 매듭의 위치가 번갈아 만들어지도록 순서를 바꿔가며 엮어준다. 충분한 면적이 만들어지도록 반복한다. 어느 정도의 면적이 만들어지면 빗으로 다듬어 주고, 가로로 깃털 모양을 만들며 잘라준다.

16
재고 원사로
폼폼 장식 만들기

준비물: 다양한 색깔의 실, 돗바늘, 실 끼우개, 가위, 스카치테이프, 골판지 상자

1. 도넛 모양의 골판지 2장을 같은 크기로 잘라서 준비한다. 골판지 도넛 두 장을 겹친 뒤, 한 부분을 가위로 잘라 실이 통과할 수 있는 길을 만들어 준다. 도넛에 실끝을 묶어 고정시켜 준다.

2. 한쪽 끝을 묶은 실로 골판지의 도넛 부분을 사진과 같이 여러 차례 감아준다. 충분하게 감아 주어야 풍성하고 동그란 폼폼을 만들 수 있다.

3. 충분한 볼륨이 나오도록 실을 감았다면, 가위를 사용하여 도넛의 바깥 부분을 따라 조심스럽게 실을 잘라준다. 잘려진 실이 흩어지지 않도록 가운데 구멍 부분을 잘 잡고 잘라준다.

4. 골판지 두 장의 사이 부분을 벌려 실로 꽁꽁 감아 묶어 준다. 골판지 도넛을 빼낸 다음 실을 잘 펼쳐주고, 가위로 모양을 다듬어주면 귀엽고 동그란 폼폼이 완성된다. 가운데 부분을 묶은 실은 잘라내지 말고 폼폼을 매달아 장식하는 용도로 사용한다.

에필로그

안녕하세요,
마켓발견입니다.

upcycle=upgrade+recycle

물건의 이야기를 발견하다.

모든 물건은 탄생하는 순간부터 각자의 살아온 이야기가 있습니다. 마켓발견은 전 세계에서 모인 물건들의 이야기를 발견하고 새로운 이야기를 만들어가는 공간이었습니다. 100년 된 재봉틀부터 귀한 컵 앤 소서까지 다양한 물건이 함께 어우러져 있었습니다. 운영하던 리사이클 스토어는 플리마켓과 팝업스토어의 정기적인 운영, 그리고 협업의 방식으로 바뀌어 여러분과 함께 만들어갑니다.

조개 속 진주처럼 귀한 이야기를 담고 있는 물건을 발견하고 새로운 가치와 이야기를 발견해보세요.

우리의 가치를 발견하다.

마켓발견은 물건을 통해 이어지는 사람들의 관계를 소중하게 생각합니다. 배움을 통해 새로운 나를 발견하는 시간들을 응원합니다. 마켓발견의 공간에서 접해볼 수 있는 다양한 컨텐츠로 새로운 가치를 발견하고 나를 업사이클 해보세요.

지역 커뮤니티를 잇는 뒷마당장터에서 새로운 인연을 만들고, 공간을 대관하여 나의 지식을 사람들과 나눠보세요. 나만의 노하우를 담은 상품을 마켓발견을 통해 선보이고 판매해보세요.

마켓발견은 우리의 숨겨진 가치를 발휘하는 공간입니다.

쓰임을 잃은 물건에 새로운 가치를 더하다

마켓발견은 쓰임을 잃고 버려지는 것들에 대한 새로운 가치를 만들어갑니다. 그리고 더 많은 사람들이 마켓발견과 함께 새로운 가치를 만들어가기를 바랍니다.

마켓발견은 다양한 업사이클 클래스를 통해 마켓발견이

쌓아온 업사이클 노하우를 나누고 함께 성장할 수 있도록 합니다.

집에서도 손쉽게 업사이클을 시도해볼 수 있는 원데이클래스와 업사이클 강사로서 다른 사람을 가르칠 기회와 역량을 키워주는 자격증 과정까지 마켓발견은 모두가 함께 지속 가능한 세상을 만들기 위해 노력합니다.

각 과정을 통해 배출된 전문가들은 지역의 기관이나 학교 파견강사로 활동하거나, 마켓발견과 함께 아이디어를 모아 상품을 개발하고 자신만의 디자인 제품을 마켓발견 뒷마당 장터와 팝업스토어에서 전시 판매하고, 새로운 업사이클 클래스를 기획해가기도 합니다.

이 책이 나오기까지 마켓발견 업사이클팀이 되어 힘을 모아 준 김수민, 김은예, 김재희, 김태은, 노유민, 송숙경, 유나현, 이수영,박수아, 박영희, 전소정, 조소연, 최민아, 홍서윤님께 고마움을 전합니다.

새로운 배움과 인연이 가득한 마켓발견에서 새로운 나를 발견해보세요.

업사이클 교육 프로그램

환경교육과 결합된 업사이클체험활동을 통해 생활 속에서 지속가능한 삶의 방식을 실천하고 공유합니다.

프로그램명	내용
생활 속 ESG	환경 교육 + 지속가능한 삶의 실천 방법 실습
업사이클 실습교육	업사이클 개념과 필요성 + 업사이클 실습
청소년 진로 교육	업사이클 산업 및 업사이클 관련 직업
업사이클링 지구	환경교육 + 디자인씽킹 + 업사이클 실습
지구야, 안녕?	기후 위기 환경 교육 + 업사이클 실습
바다야, 안녕?	생물다양성 교육+업사이클실습
지구를 살리는 옷장	패스트 패션 산업과 의류 쓰레기+ 티셔츠 업사이클링
지구를 지키는 식탁	기후변화위기와 탄소중립+비건/건강 식탁
쓰레기 없이 사는 세상	제로 웨이스트 실천 방법 + 업사이클 실습
이건 쓰레기가 아니에요	업사이클과 자원 순환 + 안 입는 청바지 업사이클링
생활 속 업사이클	생활 속 업사이클 교육+망가진 액세서리의 다양한 변신
그린 업사이클	커피박, 발포세라믹 활용 업사이클실습
스튜디오 프로그램	레이저커팅기, 자수기 등을 활용한 업사이클 실습

프로그램명	내용
업사이클링 in English	환경교육+업사이클실습+영어교육
청바지 제로웨이스트	청바지 하나로 만드는 12개의 원데이 클래스
지구를 밝혀요	기후변화위기교육+폐자원으로 만드는 조명만들기
악세사리 자원화 프로그램	망가진 악세사리를 활용한 업사이클
Repair 디자인	환경교육+수리 교육
빈티지 업사이클	빈 병과 버려지는 캔, 소품 등을 살리는 다양한 빈티지 소품 만들기원데이클래스
업사이클 마크라메	리스, 벽장식, 인형 등 다양한 마크라메 소품 만들기 클래스

업사이클 전문가 양성 교육

프로그램 제목	내용
업사이클 디자인 전문가 1급	지속가능한 디자인+색채+업사이클 프로젝트
업사이클 디자인 전문가 2급	업사이클 전문가 과정_1. 패브릭, 2. 폐목재, 3. 정크아트 4. 조명
업사이클 디자인 전문가 S급	장애인을 위한 패브릭 업사이클 과정
전문가 역량 강화 1.	업사이클 강사 역량 강화 교육
전문가 역량 강화 2.	업사이클 전문가/비즈니스 컨설팅
제로웨이스트 실천가 과정	다양한 제로웨이스트 아이템 업사이클 과정

업사이클 체험공간- 마켓발견 공유공간(Poil-dong 333)

업사이클체험, 상품개발에 특화된 공간으로 매주 다양한 주제로 업사이클 체험프로그램을 운영하고 다양한 클래스와 모임을 위한 공간대여가 가능합니다.

업사이클랩 장비: 레이져커팅기, 미싱기, 자수프로그램, 오바록기, 자노메미싱기, 공업용미싱기, 절단기, 리본자수기, 프로그램운영컴퓨터, 아일렛, 핸드프레스, 핀버튼프레스, 미니드릴, 코팅기, 빔프로젝터, 세탁기/건조기, 테이블쏘, 슬라이딩각도기, 테이블밴드쏘, 탁상드릴링머신, 테이블벤치그라인더, 금속컷팅그라인더, 산소용접기, 컷쏘, 직쏘, 핸드샌딩기, 에어타카, 에어컴프레서, 레이저레벨기, 장부기계, 드리머, 바이스클립, 버어니어캘리퍼스, 임팩드릴, 기타 간편도구 일체

마켓발견이 위치한 복합문화공간 333

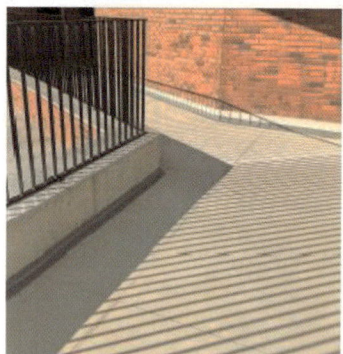

업사이클 키트개발 사례

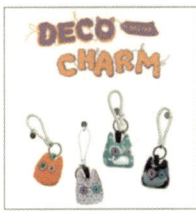
몬스터 키링 만들기

한땀 파우치 만들기

소원팔찌 만들기

티셔츠 뜨개 참장식 만들기

데님 헤어 액세서리 만들기

데님 시계 만들기

데님 팔찌 만들기

밀랍랩 만들기

몬스터 가방 만들기

티셔츠 참장식 만들기

밀랍초 만들기

자투리 가죽지갑

업사이클 프로젝트 사례

버리는 과자 봉지로
만드는 핀버튼

독거노인 도시락 배달
비닐봉지 대체 프로젝트

아디다스 폐플라스틱
업사이클 체험행사

폐현수막 차양

아모레 화장품 용기
재활용 조명

업사이클 도마

버려진 농구공 화분

폐목재 돋보기

빈 병 조명

버려지는 자원으로
모빌 만들기

버려지는 자원(목재 등)
으로 조명

버려지는 자원으로
모빌 만들기

2019 뒷마당장터

2021 뒷마당장터

2023 뒷마당장터

헌옷으로 만든 러그

건강(비건) 식탁

유니품 업사이클 쿠션

헌옷과 넥타이로 만든 예쁜 장식

명품 넥타이로 만든 곱창 머리끈

숟가락으로 만든 조명

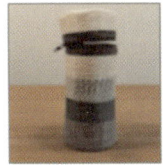
페트병으로 만든 필통, 골프볼마커

폐비닐로 만든 돗자리

폐비닐로 만든 바구니

자투리 가죽으로 만든 선글라스 케이스

자투리 가죽으로 만든 필통

자투리가죽지갑

자투리 가죽으로 만든 에어팟 케이스

마켓발견 걸어온길

2018
- 의왕시 리사이클 복합문화공간 마켓발견 매장 오픈
- 경기도 따복 우수창업상 수상
- 덴마크시민학교 이야기 등 예술, 문화, 인문 및 업사이클 클래스 콘텐츠 기획, 개발

2019
- 사회적기업 육성사업 선정
- 도시재생 창업지원 프로젝트 선정 (신중년) | 사회적경제 경진대회 수상(시니어)
- 마켓발견 뒷마당장터 개최

2020
- 예비사회적기업 지정
- LH 지역재생사업 선정
- 의왕시 평생교육 동아리 활성화 사업 수행
- 환경협회 업사이클 육성지원사업 선정
- KT 따뜻한 기술더하기 챌린지 선정
- KB 지역혁신 프로젝트 선정
- 업사이클 첫 상품개발(자투리 가죽지갑 등)

2021
- 에너지친환경 지원사업 선정
- 의왕시 진로교육센터 업사이클 교육 협약
- 환경산업협회 업사이클 소재기업 선정
- 진로우수 체험처 선정(의왕시장상 수상)
- 업사이클 키트 개발(10종)

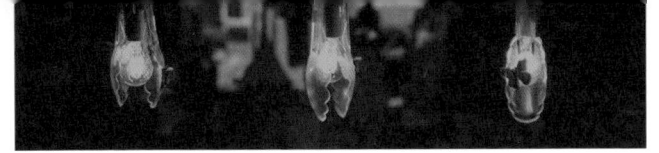

2022
- 업사이클 디자인 전문가 과정(2급) 1기 전원 강사 파견
- LH 도시재생사업 선정
- 업사이클 디자인 전문가 과정(1급) 1기 진행
- 의왕시 체험공간 제공 및 지역사회 기여(의왕시장상)
- 마켓발견 포일동 본사 이전 및 업사이클 교육 체험존 확장

2023
- 삶의 질 향상과 문화격차 완화를 위한 슈퍼맨 프로젝트 선정
- 패브릭부터 목공까지 업사이클 교육, 창작, 체험 공간 오픈
- (재)한국공예, 디자인문화진흥원 공예주간 프로그램 선정

숫자로 보는 마켓발견

재사용된 자원
765,363+
마켓발견은 버려지는 자원을 업사이클 교육, 상품 제망, 행사 등에서 재사용함으로써 환경적, 경제적, 사회적 지속가능성을 실현해 나가고 있습니다.

업사이클 클래스	상품개발수
301 개	**17** 개

평생교육 기획	업사이클 프로젝트 기획
356 회	**12** 회

지역협업	강사파견
78 회	**410** 회

2022년 12월 말일 기준 마켓발견

마켓발견 업사이클 전문가 과정

마켓발견 업사이클 전문가 과정을 통해 자격증을 취득한 분들은

- 기업, 기관, 학교 등에 강사로 파견되어 강사로 활동중입니다.
- 마켓발견 공간을 통해 모임/클래스를 개설하고 성장 중입니다.
- 정크아트강사로, 업사이클공예강사로, 친환경강사로, 또 디자이너로서 공모전에 당선되신 분도 있고, 상품제작자로서, 상품판매자로서 발전해가고 계십니다. 2023년 다양한 재료를 활용하는 정크아트과정과 폐목재(나무) 업사이클 과정 등 다양한 업사이클 과정을 추가 진행 중입니다.

- 협업을 통해 업사이클 교육, 콘텐츠, 프로그램을 기획 및 개발할 수 있습니다.
- 업사이클 디자인 및 상품을 제작하여 전시, 행사, 플리마켓 등에 참여할 수 있습니다.
- 업사이클과 관련한 다양한 정보를 받아볼 수 있습니다.
- 다양한 혜택이 주어집니다.
- 다양한 혜택이 주어집니다.
  - 업사이클 장비* 사용료 10% 할인
  - 마켓발견 업사이클 키트 등 재료비 할인
  - 공간 1회 무료 이용권 제공, 뒷마당장터 1회 무료참여
  - 공간 1회 무료이용권 제공/뒷마당장터 1회 무료 참여

마켓발견에서 진행하는 각종 워크샵 참여 혜택, 업사이클링 목공과정 할인(2023년 5월 시작됩니다), 행사, 플리마켓 이용료 할인

자격증을 받으려면

- 마켓발견에서 진행하는 업사이클 전문가 과정을 통해서 함께 이야기 나누고 배우실 수 있습니다.
- 마켓발견 온라인 과정을 통해 자유롭게 준비하실 수 있습니다.
- 내용을 숙지하셨다면 바로 자격증 시험에 도전하셔도 됩니다. 이론과 실습 검정 모두 이 책 안에서 나옵니다.

똥손이라구요? 천천히 손을 움직이면서 즐거울 수 있다면 누구나 함께 하실 수 있습니다. 똥손이 더 잘 가르칠 수 있고, 환경이론강사로 발전해가시는 분들도 계십니다.

사람과 물건의 **가치**를 발견하다.
Live life to the fullest!

발견; Upcycling
더 이상 사용하지 않는 물건들을 업그레이드 한 상품으로,
원데이클래스 등 으로 기획해가면서 쓰레기를 줄여갑니다.
업사이클 전문가 자격증을 통해 함께 만들어가요.
발견해보세요. 버려지는 것들의 새로움!

발견; Class
물건을 업사이클 하는 업사이클 클래스와
사람을 업사이클 하는 인문, 사회 ,예술, 문화 클래스를 진행합니다.
타겟층에 최적화된 테마로 기업, 학교 등 외부기관에서도 진행합니다.
발견해보세요. 다양한 교육컨텐츠!

발견; Chanllege
펼쳐보고 싶은 재능, 숨겨진 나만의 지식과 경험을
시도클래스, 시도모임, 판매(플리마켓, 샵인샵),
전시, 협력행사 등을 통해 시도해볼 수 있습니다.
발견해보세요. 도전기회!

발견; Community
취향을 공유할 수 있는 지속가능한 모임을 만들어갑니다.
발견해보세요. 관심사가 비슷한 사람들과의 만남!

발견; Sharing
도움이 필요한 곳에 수익의 일부를 기부합니다.
사용하지 않는 물건들을 순환시킵니다.
발견해보세요. 나눔의 기회!

자격증 신청	홈페이지	블로그	인스타그램

사람과 물건의 가치를 발견하다 | 주식회사 마켓발견 | marketbalgyun@gmail.com

함께 살아간다는 것.
어디서나 공동체를 일굴 수 있습니다. 마음을 모아 혼자만의 경험이 아닌, 우리의 경험을 모아내기만 한다면 가능합니다. 삶을 쏟아 붓는 특정한 이슈는 공동체를 만드는 좋은 씨앗입니다. 환경, 교육, 예술, 문화 등 '공동체 살리는 시리즈'는 공동체를 다시 일구는 든든한 디딤돌이 되겠습니다.

마을기업 희망 공동체
공동체 살리는 시리즈 ①
농촌을 살리는 대안 경제 — 정윤성 지음
위기의 농촌을 살리는 희망 나침반, 마을기업! 한국과 일본 농촌현장을 취재하며 과소화, 노령화 문제가 심각한 농촌 마을을 살리는 대안으로 자발적 참여, 책임경영, 농산어촌의 로컬 콘텐츠가 어우러진 마을기업을 소개한다.

6무 농사꾼의 유쾌한 반란
공동체 살리는 시리즈 ②
인간에게 해로운 6가지를 사용하지 않는 자연순환유기농업 — 안종수 지음
자연순환유기농업 6무 농사 입문서. 화학비료와 발효퇴비, 농약, 제초제, 비닐 사용의 대체 방법과 토양 유실, 병충해와 풀 발생을 해결하고 토양의 자생력을 살리며 생태계를 복원하는 대안으로 6무 농사를 소개한다.

협동조합 교과서
공동체 살리는 시리즈 ③
검색으로 찾을 수 없는 보물지도 — 하현봉 지음
국내외 주요 협동조합을 순례하고 협동조합이 주는 교훈과 시사점을 연구하여 제시한다. 협동조합의 홈페이지나 해당 조합들을 직접 방문하여 현장감을 살렸다. 상세한 설명에서 협동조합에 관한 기본 이론도 배울 수 있다.

카피레프트, 우주선을 쏘아 올리다
공동체 살리는 시리즈 ④
55명의 다양한 시선 — 김조광수 외 54명 지음
시집은 시인만 내는 건가? 사진집, 에세이집은 전문 작가만 출판할 수 있나? 이런 고민에서 출발한 이 책은 자폐아 아들의 어머니, 시각장애인, 스님, 한국 최초의 리믹스 DJ, 영화감독, 노동자 시인, 요양보호사 등 다양한 사람들의 시선을 담았다. 이 책의 글과 사진은 카피레프트 정신에 따라 무단 복사, 배포해도 된다. 그렇게 되는 게 목적이다.

농촌재생 6차 산업
공동체 살리는 시리즈 ⑤
농업에 미래를 곱하다 — 정윤성 지음
6차산업으로 부가가치를 창출하는 농촌경영체를 생산자, 농촌공동체의 각도에서 심층 조명했다. 한국과 일본의 우수사례를 취재해 성공 요인을 분석하고 짚어보는 과정에서 6차산업의 토양, 뿌리를 깊이 파고들었다.

인생2막 산촌귀농 어때요
공동체 살리는 시리즈 ⑥
건강과 일, 그리고 지속 가능한 삶 — 김강중 지음
산촌 마을로 삶터를 옮기려는 분들, 즉 산촌귀농을 하려는 분들을 위한 책. 산촌귀농을 위한 탐색과 준비 과정, 결심과 이주 절차, 마을에서의 적응과 산 농사 방법 등이 담겨 있다. 강원도 인제군 소치리에 정착한 저자가 8년간 산촌귀농 생활을 성공적으로 해온 경험을 통해 산촌의 실태와 적응과정을 공유한다.

뽐낼 것 없는 삶 숨길 것 없는 삶
공동체 살리는 시리즈 ⑦
환경운동가 김석봉의 지리산 산촌일기 — 김석봉 지음
소박한 지리산 농부의 솔직한 이야기가 담긴 책이다. 맘씨 좋은 이웃에게 보내준 이야기 등 물 좋고 공기 좋은 지리산 아래서 살아가는 일상을 진솔한 마음을 그득그득 담아 기록했다.

마을공동체와 사회적 경제 살리기
공동체 살리는 시리즈 ⑧
일본 커뮤니티 레스토랑 사례를 통해 보는 경제 해법 — 세코 카즈호 지음
일본의 커뮤니티 레스토랑은 참여형, 순환형 지역사회형성을 위한 마을만들기, 마을경영의 NPO 모델이자 도전입니다. 이 책이 우리나라 각지에서의 마을식당 설립에 도움이 되고, 마을만들기와 마을경영, 나아가 마을참여협동형 지역사회 형성에 도움이 되면 좋겠습니다

 고양시 덕양구 청초로66. 덕은리버워크 지식산업센터 B-1403호. t.02-323-5609, f.02-337-5608